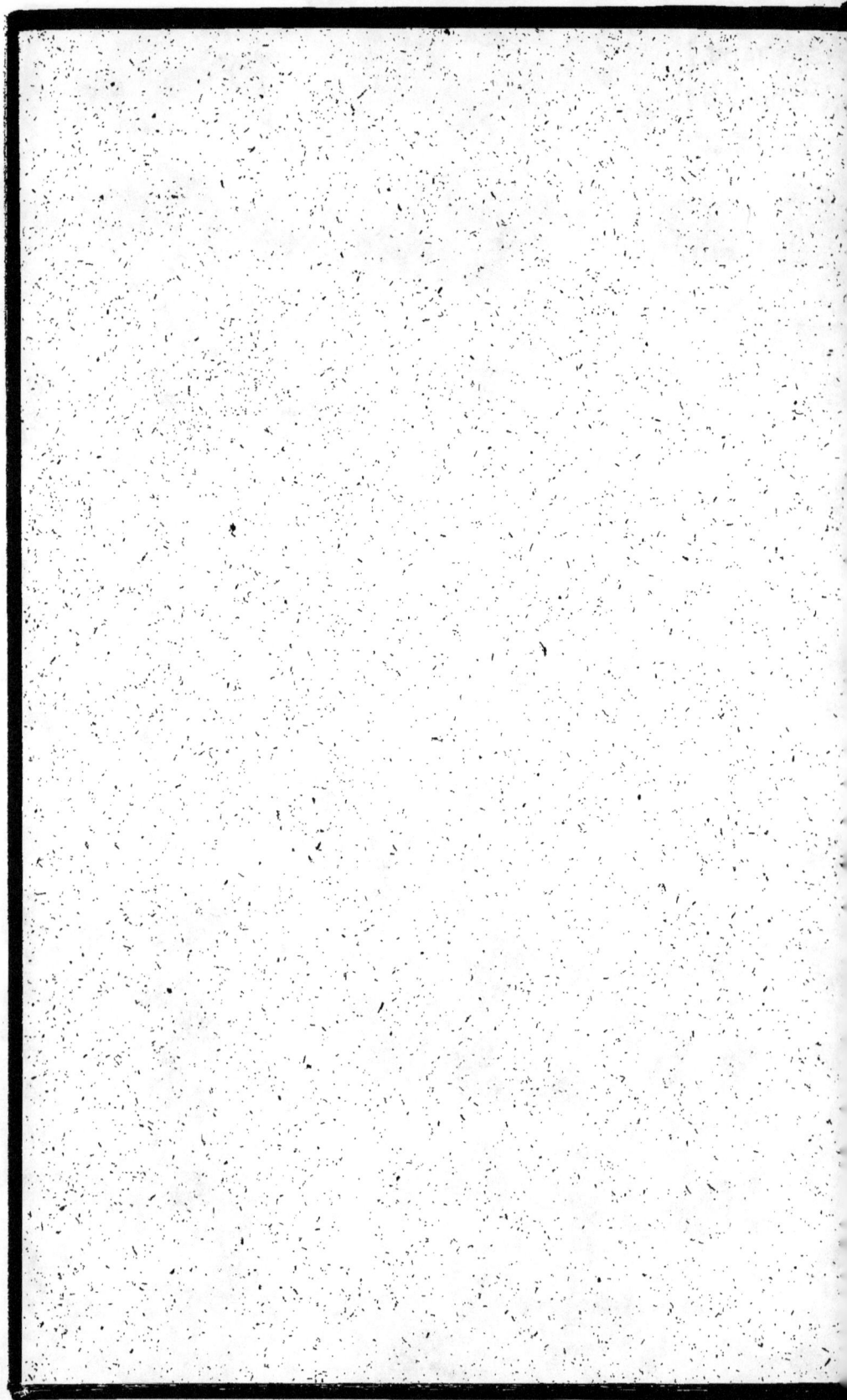

MÉMOIRE

SUR

LA POSITION GÉOLOGIQUE

DES

PRINCIPALES MINES DE FER

DE LA PARTIE

ORIENTALE DES PYRÉNÉES.

ACCOMPAGNÉ DE CONSIDÉRATIONS SUR L'ÉPOQUE
DU SOULÈVEMENT DU CANIGOU, ET SUR LA
NATURE DU CALCAIRE DE RANCIÉ

PAR M. DUFRÉNOY,

Ingénieur en chef des mines.

A PARIS,

CHEZ CARILIAN-GOEURY, LIBRAIRE
DES CORPS ROYAUX DES PONTS ET CHAUSSÉES ET DES MINES,
QUAI DES AUGUSTINS, N°. 41.

1834.

MÉMOIRE

PARIS, — IMPRIMERIE ET FONDERIE DE FAIN,
RUE RACINE, N. 4, PLACE DE L'ODÉON,

MÉMOIRE

Sur la position géologique des principales mines de fer de la partie orientale[1] des Pyrénées, accompagné de considérations sur l'époque du soulèvement du Canigou, et sur la nature du calcaire de Rancié.

Par M. DUFRÉNOY, ingénieur en chef des mines.

Les minerais de fer sont répandus avec une grande profusion dans la partie orientale des Pyrénées ; les circonstances qui accompagnent leur gisement sont remarquables par leur indépendance absolue du terrain qui les renferme. Ces minerais constituent des amas puissans dans des calcaires de formations très différentes. Une seule condition paraît indispensable à leur existence, c'est la proximité des roches granitoïdes. Les calcaires associés aux minerais de fer sont toujours à l'état cristallin ; cette constance dans les caractères des calcaires, quel que soit leur âge, peut également être attribuée à leur superposition immédiate sur le granite.

Pour faire ressortir l'indépendance des minerais de fer, des terrains dans lesquels ils sont enclavés, je ferai connaître dans ce mémoire les circonstances principales du gisement,

1°. Des mines exploitées sur les pentes du Canigou, à la séparation du terrain de transition et du granite.

2°. Du minerai de fer qui accompagne à Saint-Martin, dans la vallée de la Gly, les ramifications de granite dans les formations crétacées.

3°. Enfin du riche amas métallifère de Rancié enclavé dans un calcaire de l'époque du lias.

I. *Mines de fer du Canigou.*

Le groupe de montagnes désigné sous le nom de Canigou forme une espèce de promontoire à l'extrémité orientale des Pyrénées. Placé sur le premier plan, et presque isolé du reste de la chaîne, le Canigou domine tout le pays et semble ne pas connaître de rival. Long-temps, en effet, cette montagne a été regardée comme la plus élevée de cette chaîne ; mais sa tête majestueuse a été obligée de s'abaisser devant les travaux de MM. Reboul et Vidal, qui nous ont donné les premiers un nivellement des Pyrénées (1).

---

(1) Beaucoup de pics des Pyrénées atteignent une hauteur plus considérable que le Canigou. La Maladette et le

La roche qui constitue le Canigou est du granite passant au gneiss, quelquefois à du micaschiste, dans lequel le mica est remplacé par du talc vert. Les nombreux minerais exploités sur les pentes de cette montagne, aux environs d'Olette, de Py, de Fillols, de Saint-Etienne de Pomers, de Vallestavia et de Batère, se présentent avec des caractères si constans, qu'il est impossible de ne pas les regarder comme produits simultanément et par la même cause. Ces dépôts sont placés au pied des escarpemens brusques qui forment la crête du Canigou, et les mines constituent par leur ensemble une espèce de zone elliptique d'environ 8.000 toises de diamètre qui enveloppe cette montagne de tous côtés et presqu'à la même hauteur. *Disposition générale des mines de fer.*

Les minerais se composent de fer spathique, d'hématite brune et d'une petite quantité de fer oligiste; ces substances sont inégalement réparties dans les mines. Quelques-unes fournissent presque uniquement du fer spathique, tandis que

---

Mont-Perdu le dominent d'environ 600 mètres; les hauteurs de ces trois montagnes, d'après les mesures de M. Coraboeuf, officier supérieur du génie géographe, chargé de la triangulation de la partie orientale des Pyrénées, sont

Maladette (Pic de Nethou). $3404^m,00$
Mont - Perdu. . . . . 3350 ,70
Canigou. . . . . 2785 ,23

dans le plus grand nombre, le fer oxidé hydraté est le minerai le plus abondant.

Dans la plupart des gîtes métallifères, les minerais sont intercalés dans du calcaire saccharoïde blanc superposé au granite, ou même enclavé dans cette roche. Ce calcaire, qui se trouve accidentellement sur la surface du Canigou, n'y forme que des taches légères dont la présence révèle son âge moderne. Les minerais se présentent à la fois sous la forme de filons, de veines parallèles à la stratification du calcaire, et d'amas qui paraissent au premier abord contemporains aux couches qui les renferment; souvent même, le calcaire est ferrugineux, de telle façon que le minerai se fond en partie dans cette roche.

Les gîtes, quoique presque toujours enclavés dans le calcaire, se prolongent cependant dans les roches granitoïdes, mais ils n'y pénètrent pas profondément. Il en résulte qu'en réalité les minerais de fer ne sont essentiels ni au granite ni au calcaire, et qu'ils paraissent associés indistinctement à ces deux roches; malgré l'irrégularité apparente de leur gisement, on reconnaît bientôt que ces minerais affectent une position constante, et qu'ils sont disposés suivant une bande placée à la séparation du granite et du calcaire, laquelle empiète sur l'un et l'autre terrain.

Je ne pourrai donner que des indications géné-

rales sur la disposition des gîtes du Canigou ; à l'epo-
que où je visitai ces mines, on croyait encore à l'cxis-
tence du calcaire primitif ainsi qu'à la contempora-
néité des amas de minerais de fer et de la roche qui
les renferme ; je n'étudiai donc pas alors avec assez
de soin toutes les circonstances du gisement pour
les rapporter en détail ; il résultera néanmoins,
d'une manière positive, du peu de renseignemens (1) que je donnerai, que les minerais de fer
sont déposés au contact du granite et du calcaire,
circonstance qui suffit à elle seule pour déterminer l'âge de ces minerais.

Les mines de Batère, situées sur le revers orien-Mines de Ba-
tal du Canigou, forment deux groupes séparés ;   tère.
les unes existent au pied sud de la montagne qui
leur donne son nom, les autres sont réunies sur
sa pente nord. Sur le sommet de cette montagne,
et sur son revers sud, la roche dominante est un
granite à mica noir, traversé de filons de granite porphyroïde. Le granite est recouvert dans
plusieurs points d'une couverture mince de calcaire saccharoïde blanc alternant avec du schiste
micacé. Ce schiste est quelquefois intercalé dans

(1) Je dois plusieurs de ces renseignemens à la complai-
sance de M. Véne, ingénieur des mines dans le départe-
ment des Pyrénées-Orientales, qui a visité avec détail toutes
les exploitations du Canigou.

le granite; il en est de même du calcaire dont on
voit des masses assez considérables entourées de
tous côtés par du granite. La rareté de ces masses
de calcaire au milieu des roches anciennes, et la disposition générale de la première de ces roches dans
le pays, montrent bientôt que l'intercalation du calcaire au milieu du terrain ancien n'est qu'acciden-
telle, et qu'elle doit être attribuée à un empâte-
ment postérieur.

Mine de la Droguère.
Les mines de *las Canals*, de *la Droguère*, de
Dalt et de *Monut* exploitées sur le revers sud de
la montagne de Batère, sont ouvertes sur des masses de calcaire enclavées dans le granite. Dans la
mine de la Droguère, cette roche se montre seule
au jour, et le calcaire n'est mis à nu que par l'exploitation; le minerai constitue dans cette mine
deux amas aplatis (*Pl. XIV*, *fig.* 5) compris
entre du schiste et du calcaire, et enclavés l'un
et l'autre de tous côtés dans le granite; l'amas inférieur, bien réglé sur une assez grande étendue,
a été long-temps regardé comme formant une
couche dans le schiste et le calcaire, mais il se
termine brusquement d'un côté, et de l'autre il
s'amincit de manière à n'être plus exploitable.

Mine de Rocas-Négros.
La mine de *Rocas-Négros*, appartenant également au gîte du revers sud, est la seule mine de
fer du groupe de Canigou qui ne présente pas la
réunion du terrain ancien et du calcaire; plusieurs

circonstances montrent cependant que le minerai y est d'une formation très moderne, et qu'il doit son origine à la cause générale qui a produit la plupart des dépôts de minerai de fer de cette contrée. Le vide produit par l'exploitation de la mine de Rocas-Négros actuellement abandonnée, indique que le minerai y formait un vaste amas ramifié dans le granite (*fig.* 6) il était séparé de cette roche par une espèce de salbande schisteuse, imprégnée de fer oxidé disséminé en veinules plus ou moins puissantes; il partait en outre de l'amas métallifère un grand nombre de petits filons de fer oligiste qui se prolongeaient dans le granite. On trouve encore dans cette exploitation de gros blocs contenant du minerai de fer disséminé, mais sa richesse moyenne n'est pas assez grande pour qu'il puisse être employé dans les forges catalanes. Ces blocs sont formés de fragmens de schiste, de granite et de quartz hyalin enveloppés de fer hématite; ce sont évidemment des fragmens de la roche encaissante qui ont été empâtés par du minerai de fer à l'époque de sa formation.

Les mines exploitées sur le revers nord de la montagne de Batère, et dont les principales sont les mines de la *Pinouse*, de *Saint-Michel*, de *Manénon* et de *Villafranca*, présentent quelque différence de gisement avec celles que nous venons d'indiquer; les minerais qu'on y exploite forment des rognons dans un calcaire saccharoïde blanc associé à du schiste micacé, superposé au granite qui constitue la montagne et se montre au jour dans les ravins. Les couches du calcaire saccharoïde et du micaschiste courent du N.-N.-O. au S.-S.-E. : cette direction, qui s'éloigne également de la direction de la chaîne et de celle du groupe du Canigou, est en rapport avec la position du sommet de cette montagne vers lequel ces couches se relèvent. La première mine que **Mine de la Pinouse.** nous venons de citer, celle de la *Pinouse*, est ouverte sur de grands amas de minerai disposés dans le sens de la stratification; ces amas sont intercalés le plus ordinairement dans le calcaire saccharoïde, mais quelquefois ils le sont dans le schiste micacé. La masse métallifère est composée de fer oxidé hydraté, en partie à l'état d'hématite et de fer spathique. Le calcaire en contact avec le minerai est brun et ferrugineux par un mélange intime de fer spathique; la richesse de ce calcaire diminue à mesure qu'on s'éloigne des amas de minerai. Lorsque ces amas sont au milieu du schiste micacé, on voit des petits filons ferrugineux se prolonger dans la roche qui les enveloppe.

Mine de Balaitg. La mine de Balaitg, située près de Fillols, nous fournit un exemple de minerai placé à la séparation du granite et du calcaire; elle est exploitée sur un amas de fer spathique et de fer oxidé reposant immédiatement sur le granite ; des embranchemens nombreux divergent de la masse métallifère et pénètrent le granite dans différens sens ; quant au calcaire, il se ramifie lui-même dans l'amas, et présente des parties presque entièrement transformées à l'état de fer spathique.

Dans les exemples que je viens de donner, les minerais de fer sont toujours associés à la fois au calcaire et au granite. La mine de Rocas-Négros forme une exception, c'est la seule dans laquelle il n'existe pas de calcaire ; mais on trouve mélangés au minerai de nombreux fragmens de granite, lesquels forment souvent le noyau des blocs de fer hématite ; la présence de ces fragmens prouve également que ce gisement est moderne.

Il reste maintenant à déterminer l'âge géologique auquel appartient le calcaire qui forme les taches dont nous avons parlé sur la surface du Canigou, et dont la présence annonce presque toujours celle du fer ; l'intercalation de ce calcaire dans le granite à la mine de la Pinouse, pourrait le faire regarder comme primitif, s'il n'était maintenant reconnu que les causes auxquelles les roches granitoïdes doivent leur origine, sont d'un ordre différent de celles qui ont présidé à la production du carbonate de chaux. La rareté des amas calcaires au milieu du granite, dans la montagne même du Canigou, sans être une raison positive pour rejeter l'idée d'une origine commune pour ces deux roches, est au moins une grande probabilité; mais, en outre, on voit près de Villefranche et d'Olette un passage insensible entre le terrain de transition qui forme le pied septentrional du Canigou et le schiste micacé qui se trouve sur ses pentes, circonstance qui révèle l'âge véritable du calcaire saccharoïde de cette partie des Pyrénées.

Nature du terrain de transition. Le terrain de transition est composé de schiste argileux verdâtre, de schiste argileux rouge, et de calcaire; cette dernière roche est quelquefois en couches épaisses, mais le plus ordinairement elle est entrelacée dans le schiste, à la manière du marbre Campan. Le calcaire contient des entroques, des térébratules, des productus, des nautiles et des orthocères, fossiles du terrain de transition : l'âge du calcaire et du schiste est en outre déterminé par la présence du terrain houiller qui le recouvre à Tuchan et à Durban, bourgs situés à une petite distance de Perpignan.

A Villefranche même, la ligne de séparation du terrain de transition et du terrain ancien est très peu nette. Le contact des deux formations n'est pas marqué par du schiste micacé, mais le schiste vert devient très cristallin et passe à l'état de schiste talqueux; il contient alors des cristaux de feldspath, des nodules de quartz hyalin, et des veines feldspathiques qui le pénètrent. Du côté d'Olette, la limite des formations cristallines et des terrains de sédiment est encore moins prononcée, et il est impossible de la tracer d'une manière absolue. Le gneiss passe au schiste micacé, et celui-ci au schiste argileux : le schiste micacé et le schiste argileux, associés l'un et l'autre avec des couches calcaires, alternent ensemble à plusieurs reprises. La disposition du calcaire, son état cristallin, plus ou moins parfait suivant la distance aux roches granitoïdes, montre que ces couches schisteuses, placées à la séparation des roches granitoïdes et du calcaire de transition avec fossiles, appartiennent à cette dernière formation. Leur texture actuelle, argileuse ou micacée, est le résultat de leur position et non de leur dépôt.

Cette partie anomale du terrain de transition renferme également, à Escaro et à Toren, des amas de minerais de fer, composés de fer spathique décomposé et de fer oxidé hydraté.

Ces derniers gîtes de minerais de fer établissent une chaîne continue entre les différentes mines, situées sur les pentes du Canigou et celles exploitées au pied de cette montagne; leur identité de position montre qu'ils appartiennent à une même époque; elle fournit un rapprochement de

plus entre les calcaires saccharoïdes qui alternent
avec du schiste micacé et les terrains de transition.
Les amas de calcaire saccaroïde enclavés dans le
granite me paraissent appartenir également à
la formation de calcaire à orthocères; ils auront
probablement été empâtés dans le granite, à l'e-
poque où les Pyrénées se sont élevées au jour, époque plus ancienne que celle à laquelle la montagne du Canigou a pris son relief actuel. En effet,
différentes circonstances me font présumer que le
dernier surgissement de ce groupe de montagnes
est plus moderne que celui du reste de la chaîne :
la principale consiste dans le relèvement des terrains tertiaires les plus récens vers les cimes du
Canigou. Ainsi, à Nefiach, à Bagnouls les Aspres,
villages situés dans la vallée de la Têt au nord du

Époque du
soulèvement
du Canigou.

Canigou, M. Reboul a indiqué, depuis long-temps,
que les marnes argileuses qui contiennent des
fossiles analogues aux terrains subapennins sont
en couches fortement inclinées. Au sud du Canigou, des terrains à lignites également très modernes, qui forment une petite bande dans la Cerdagne,
depuis Livia jusqu'à la hauteur de la Seu-d'Urgel,
y sont en couches relevées d'environ 60° vers le N.
20° O. Les terrains tertiaires situés sur les deux
versans de cette montagne ont donc été fortement dérangés, tandis que, sur toute la longueur
de la chaîne des Pyrénées, les terrains tertiaires

se sont déposés horizontalement au pied de la
vaste falaise formée par cette même chaîne. La
direction des couches tertiaires de la Cerdagne
E. 20° N. O. 20° S., est à peu près la même que
celle que le soulèvement des ophites a imprimée
à ces mêmes terrains dans la Catalogne, dans la
Navarre et la Chalosse : cette direction, qui cor-
respond à celle indiquée par M. Élie de Beaumont
pour la chaîne principale des Alpes et les chaînes
les plus récentes de la Provence, me conduit à supposer que c'est à cette même époque que le massif
du Canigou a pris son relief actuel; la direction
générale de ses crêtes, celle des vallées de la Têt,
du Tech et de la Segre, qui en sont la conséquence,
s'accorde avec cette supposition.

Plusieurs vallées qui sillonnent le pied du Canigou sont très profondes. La petite vallée qui
prend naissance au dessous de Corsavi et se jette
dans le Tech, près d'Arles, présente un escarpe-
ment à pic de plusieurs centaines de mètres;
cette circonstance, jointe à la position de lam-
beaux de calcaire de transition qui forment par
leur ensemble, ainsi que je l'ai déjà fait remarquer, une ceinture discontinue sur les flancs du
Canigou, ne peuvent s'expliquer qu'en admet-
tant que ce groupe de montagnes a été soulevé
d'un seul jet au milieu des terrains de transition
qui avaient alors un relief peu prononcé, et qui

étaient recouverts en différens points par des dépôts très modernes ; cependant comme les lam-
beaux de terrains modernes n'ont jamais été con-
tinus puisqu'ils sont en partie marins et en partie
d'eau douce, il est certain que le sol sur lequel a
surgi le Canigou, était déjà devenu montueux à
une époque antérieure. La présence des minerais
de fer porte à croire que le soulèvement pyrénéen
l'avait déjà fortement accidenté. Les vallées profondes que je viens de signaler sont des fentes de
déchiremens qui résultent de ce dernier mode
de formation.

II. *Minerai de fer de Saint-Martin.*

Ce gisement est situé à une très petite distance de Saint-Paul de Fenouillet, et à une demi-
heure environ du pont de la Fou, où La Gly
entre dans une gorge étroite et profonde ouverte
dans un calcaire cristallin en couches presque verticales. Les caractères extérieurs de ce
calcaire ne sauraient donner aucune idée de son
âge. Il a constamment été rangé avec les terrains
de transition, et ce n'est que dans le voyage que
je fis en 1830 dans le midi de la France, avec
M. Elie de Beaumont, que nous reconnûmes qu'il
appartient au terrain de craie. Ce calcaire est en
effet associé à des marnes noires renfermant des fossiles de cette formation, et il présente lui-même
quelques indices d'hyppurites et de dicerates.

Les fossiles disséminés dans le calcaire saccharoïde sont à l'état lamelleux; ils se dessinent
presque toujours en noir sur la pâte du calcaire
qui est d'un gris bleuâtre, analogue à la couleur
du marbre bleu turquin. Il faut avoir vu un grand
nombre de ces fossiles pour pouvoir les reconnaître; ils paraissent avoir été comprimés dans
tous les sens, et de plus, ils sont tellement adhé-
rens au calcaire, qu'il est difficile d'en détacher
des fragmens caractérisés. Au pont de la Fou,
les couches sont redressées très brusquement, circonstance en rapport avec la présence du granite
qui se trouve à très peu de profondeur au-dessous
de la surface du sol, et se montre au jour de tous
côtés. Les minerais de fer dont je veux parler
sont précisément au contact même du calcaire,
et d'une pointe de granite qui sort au milieu du
terrain secondaire.

Depuis le pont de la Fou jusqu'à l'endroit où
l'on voit les minerais de fer, le calcaire présente
les caractères généraux que je viens d'indiquer;
cependant, on peut dire qu'il est de plus en plus
cristallin à mesure que l'on approche des masses
granitiques. Au pont de la Fou, le calcaire est
encore esquilleux; à trois cents mètres du granite,
il est tout-à-fait saccharoïde et ne contient plus de
traces de fossiles.

2

Les couches plongent vers le N. 25 E. sous un angle de 75°, de manière à s'appuyer sur le granite qui forme les collines de Saint-Martin. On marche sur le calcaire saccharoïde gris clair, jusqu'à 100 mètres environ de la masse principale de granite, et seulement à 27 mètres d'une ramification de granite dont je vais bientôt parler. On trouve alors :

1°. Un calcaire rougeâtre saccharoïde ferrugineux, formant des couches réglées, dont la puissance est de 15 mètres environ. La ligne qui sépare ce calcaire du calcaire saccharoïde gris clair qui le recouvre est très tranchée; il n'en est pas de même de la partie en contact avec la roche sur laquelle il est superposé.

2°. Cette roche est une dolomie assez solide, quoique composée de la réunion de petits rhomboëdres distincts. Elle n'est pas stratifiée et forme une masse cariée dans tous les sens, qui peut avoir 12 mètres de puissance; cette dolomie se décompose irrégulièrement, et sa surface est fortement colorée, tandis que, dans les cassures fraîches, cette roche est d'un jaune terne assez clair. Elle contient des veines de fer spathique qui courent dans tous les sens, et quelques taches de fer spéculaire. Le fer spathique se distingue au premier abord avec difficulté de la dolomie, mais on remarque bientôt qu'il est plutôt en lames qu'en cristaux. La couleur foncée des surfaces extérieures des masses de dolomie est due à l'altération du fer spathique.

3°. La dolomie recouvre immédiatement une roche feldspathique très quartzeuse qui forme une espèce de filon couche de 22 mètres de puissance; il est difficile de donner une description exacte de cette roche, qui est probablement le résultat de la pénétration du granite dans le terrain, et formée par conséquent du mélange d'élémens très différens. Cette masse ne présente aucune stratification; elle est pénétrée dans tous les sens de fer spathique lamellaire disséminé sous forme de réseau, accompagné de beaucoup de pyrites et d'un peu de fer oligiste. Ce dernier minerai de fer est très abondant dans une couche plus rapprochée du granite que celle-ci.

4°. Le mélange de dolomie et de fer spathique qui recouvre la roche quartzeuse, dont nous venons de donner la description, forme de nouveau une masse de 2 mètres de puissance : elle s'appuie sur

5°. Une roche granitoïde non stratifiée, mais formant cependant une masse disposée parallèlement aux couches, et dont la puissance est de 37 mètres. Cette roche est composée de feldspath rose à très grandes lames de mica vert et de quartz peu visible. Elle est mélangée de fer

Granite intercalé dans le calcaire.

spathique et de fer oligiste écailleux, distribués
sous forme de petits nids. Dans les parties qui
contiennent ces minerais métalliques, le feldspath est verdâtre et se laisse entamer par une
pointe d'acier; on dirait que cette substance a
éprouvé une certaine altération.

6°. A cette roche granitoïde succède de nouveau
de la dolomie, qui forme comme une salbande
épaisse à cette espèce de filon feldspathique dont
nous venons de parler. Cette troisième masse de
dolomie, dont la puissance est de 12 mètres, est
beaucoup moins régulière que les deux premières.
Ses surfaces de contact ne sont pas planes; elle
pénètre un peu dans la roche granitoïde précé-
dente et dans le granite sur lequel elle s'appuie.
Elle contient encore du fer spathique, mais elle
est surtout riche en fer oligiste écailleux disséminé en rognons de plusieurs pouces de puissance.

7°. Enfin on trouve le granite qui forme les
montagnes de Saint-Martin; il diffère essentiel-
lement de la roche granitoïde n°. 5, il est à petits grains et à mica noir. Malgré cette différence,
on peut assurer que la roche granitoïde interca-
lée dans la dolomie est une dépendance de la
masse de granite à laquelle on la voit se ramifier.

La position presque verticale du calcaire, le
parallélisme de ses couches, avec la dolomie et les

masses de granite, ne permettent pas de croire que le calcaire se soit déposé dans les anfractuosités du granite ; la différence de texture qui existe entre la masse principale de granite, et celui qui forme un filon au milieu du calcaire, serait également contraire à cette supposition. Ce gisement intéressant fournit un exemple positif de plus du peu d'ancienneté du granite des Pyrénées. En effet, dans cette localité, on est conduit à cette conclusion, non-seulement par la superposition des couches inclinées du calcaire sur le granite, mais en outre par l'introduction de cette dernière roche au milieu des couches du calcaire.

III. *Gisement du minerai de fer dans la montagne de Rancié.*

La mine de fer de Rancié, célèbre depuis long-temps par la richesse de son gîte, qui alimente un grand nombre de forges catalanes, me fournira un exemple de minerai de fer disséminé dans le lias. Mais le calcaire qui contient ce gîte métallifère étant encore regardé comme appartenant au terrain de transition, il est nécessaire que je donne quelques détails sur la nature du terrain avant de parler de la disposition des minerais de fer.

La vallée de Vicdessos prend naissance au

faîte de la chaîne des Pyrénées ; une bande granitique qui court dans le sens de la chaîne, et
qui s'étend presque sans interruption depuis la
vallée de St.-Girons jusqu'aux environs de Perpignan, coupe la vallée de Vicdessos en deux parties
à peu près égales. Le gîte métallifère est placé à une
très petite distance en avant de cette bande granitique, et presque à la séparation de cette roche
et des calcaires dans lesquels il est enclavé. Le
terrain qui constitue la partie supérieure de la
vallée jusqu'au contact du granite a été décrit
par M. de Charpentier, et par les personnes qui
depuis ont visité ce pays, comme appartenant
entièrement au terrain de transition ; seulement
M. de Charpentier a distingué, sous le nom de
calcaire primitif, un calcaire saccharoïde blanc,
analogue au marbre de Carrare, qui forme immédiatement, au contact du granite, une bande d'à
peu près cinq cents mètres de puissance.

Le calcaire de Vicdessos est jurassique. Quelques fossiles jurassiques que j'avais trouvés
dans les environs de Saint-Béat, dans un cal-
caire analogue à celui de Vicdessos, me firent
présumer que ce dernier était plus moderne qu'on
ne l'avait supposé jusqu'à présent. Pour décider
cette question, j'ai suivi la bande de granite dont
je viens de parler précédemment, depuis la vallée de Seix jusqu'à Vicdessos, en passant par
Oust, Aulus, le lac de Lerz et Vicdessos. Si dans

ce trajet on monte sur quelques points élevés qui dominent le pays, on reconnaît, à la première inspection, qu'il existe une différence très notable, du moins dans les caractères extérieurs, entre les roches qui forment les crêtes situées au sud de la ligne que je viens d'indiquer, et celles qui composent le fond de la vallée d'Aulus, le vallon qui monte au lac de Lerz, le lac de Lerz lui-même, et la vallée qui descend vers Vicdessos; les premières entièrement, schisteuses, contournées dans tous les sens, se distinguent par leur couleur foncée; les pics qu'elles constituent sont très aigus et entièrement décharnés; le calcaire y est assez rare, et, quand cette roche existe, elle ne forme que des couches minces, toujours schisteuses et souvent mélangées intimement de schiste. Les roches des environs d'Aulus sont, au contraire, presque toutes de calcaire plus ou moins cristallin, quelquefois d'un beau blanc; il est alors parfaitement cristallisé, et en tout semblable au marbre statuaire. L'argile schisteuse, assez rare près d'Aulus, devient abondante dans la vallée de Vicdessos. Néanmoins, dans la bande dont je parle dans ce moment, le calcaire est toujours très dominant, et presque la seule roche qui forme réellement la contrée; j'en excepte toutefois le granite qui se montre dans beaucoup de points, ainsi que la lerzolite qui forme quelques amas.

Difference d'aspect entre les terrains de transition et de calcaire jurassique.

On conçoit, par l'énoncé que je viens de faire des roches qui existent dans les vallées de Vicdessos et d'Aulus, que le pays occupé par la bande calcaire doit présenter des escarpemens dont la forme est entièrement différente de ceux de la contrée où les roches schisteuses dominent : la simple inspection de cette contrée suffit donc pour montrer qu'elle est composée de deux formations distinctes. Si on examine ensuite la constitution de ces vallées dans toutes leurs parties, on aperçoit bientôt plusieurs autres différences également très prononcées ; près d'Aulus, par exemple, le terrain schisteux sort au travers des couches calcaires, et forme une pointe saillante que l'on reconnaît de loin à la couleur des roches et à leur disposition.

J'avais d'abord pensé que cette pointe appartenait à une avance du terrain ancien, mais bientôt j'ai reconnu qu'elle est composée de schiste argileux, se rattachant d'une manière continue au schiste qui forme les cimes qui dominent la vallée. Il existe en conséquence dans cette localité une différence de stratification entre le terrain schisteux et le terrain calcaire ; ce dernier repose dessus les tranches du schiste, et, par suite, il est plus moderne que le schiste. Je prouverai bientôt que le calcaire appartient aux assises inférieures des formations jurassiques. Quant au schiste, cette localité ne nous offre pas de preuves directes de son âge géologique; mais il forme continuité avec le schiste de Livia, qui contient des orthocères, des encrines, des nautiles, etc., et que j'ai démontré, dans un mémoire publié depuis long-temps, être inférieur au terrain houiller (1), et par suite appartenir au terrain de transition.

L'examen des roches de ces deux terrains confirme la séparation qui résulte des traits généraux de la contrée, ainsi que la différence de stratification que je viens d'indiquer. Les schistes du terrain de transition présentent deux variétés : « La première et la moins fréquente (2) » est tendre, assez douce au toucher, et a une » cassure terreuse en travers; elle offre une structure très contournée en petit; elle est fréquemment imprégnée de graphite.

» La seconde variété est beaucoup plus dure et » plus tenace; elle est d'un gris sombre ou d'un

Composition du terrain de transition.

---

(1) Mémoire sur la nature et la position géologique des calcaires amygdalins. Page 191 de ce volume.

(2) Les lignes que j'ai fait précéder de guillemets sont empruntées à un mémoire de M. Marrot, sur le gisement, la nature et l'exploitation des mines de Rancié. *Annales des Mines*, 2ᵉ. *Série, tome IV, p.* 301.

» brun foncé, et devient rougeâtre à l'air; elle se
» divise en plaques plus ou moins épaisses, et se
» casse souvent en fragmens pseudo-réguliers; elle
» passe quelquefois au schiste coticulaire, et ren-
» ferme des veines de schiste siliceux. »

Outre ces deux roches, le terrain schisteux contient du quartz grenu schistoïde, de couleur grise
plus ou moins foncée, lequel renferme souvent
des feuillets de schiste argileux contournés. Ce
quartz est ordinairement mélangé de paillettes
de mica : les feuillets de schiste argileux, intercalés dans cette roche, dominent quelquefois au
point d'amener un véritable passage.

Les schistes argileux renferment fréquemment
des mâcles.

Ces trois roches alternent entre elles sans ordre
marqué. L'ensemble du terrain qu'elles constituent à elles seules commence dans la vallée de
Vicdessos, au confluent du torrent de Bassiès et
au fond de la vallée de Sem, et s'élève jusqu'au
faîte de la chaîne. Dans quelques circonstances
elles sont mélangées d'amas puissans de schiste
micacé ou de granite. Le schiste argileux adhère
fortement à ce granite, quoique cependant le
passage entre ces deux roches soit entièrement
brusque, lorsqu'il existe du granite intercalé dans
les couches du terrain de schiste argileux : ce terrain renferme quelques filons où se trouvent

réunis de la galène argentifère, du cuivre pyriteux, et des amas de minerai de fer.

La bande calcaire, située entre le granite et le Composition
du terrain
jurassique.
terrain de transition dont nous venons de faire
connaître succinctement la composition, présente
à sa base, et immédiatement au contact du granite, une zone plus ou moins épaisse de calcaire
blanc saccharoïde; il recouvre donc la ligne de
granite placée au nord de Vicdessos; et comme
ses couches plongent au sud, le calcaire saccharoïde
forme une ligne continue à la base du terrain qui
nous occupe; il paraît par conséquent être inférieur
à ce terrain (*fig.* 3, *Pl.* XIV), circonstance qui a
constamment fait regarder le calcaire saccharoïde
comme étant primitif; mais si on le suit dans la vallée d'Aulus et à l'étang de Lerz, on reconnaît bientôt que cette position est loin d'être la seule qu'il af-
fecte: en effet, dans plusieurs points de cette vallée,
et surtout dans le bois situé au pied du Tuc de Mon-
beas, le calcaire saccharoïde reparaît au milieu
du calcaire gris, bien au nord de la zone qui existe
à la partie inférieure de cet ensemble de couches
calcaires; des pointes de granite, qui sortent
dans tous les endroits où le calcaire saccharoïde se
montre dans une position qui serait anomale, en
supposant ce calcaire primitif, expliquent sa présence dans ces points. Au lac de Lerz, le calcaire
gris est intercalé entre deux masses de calcaire

saccharoïde adossées l'une et l'autre à du granite, le retour de ce calcaire saccharoïde au
milieu du calcaire gris et l'intercalation de ce
dernier entre deux masses de calcaire blanc,
montrent que ces différens calcaires sont du
même âge, et que leurs variations de texture et
de couleur sont en rapport avec la présence du
granite. L'état cristallin plus ou moins parfait du
calcaire est même en rapport avec la distance à
laquelle il se trouve du granite. Ainsi, au contact
de cette roche le calcaire est plutôt lamellaire
que saccharoïde; il devient ensuite saccharoïde,
passe insensiblement à la texture grenue, puis
enfin revient, par des dégradations insensibles, à
la fois compacte et cristallin, ce que l'on aperçoit parfaitement à sa cassure argileuse et à sa
dureté. Près du granite, le calcaire contient beaucoup de cristaux de couzeranite et de pyrite;
quelques cristaux de trémolite et de grenat,
comme dans la dolomie du Saint-Gothard.

Une circonstance importante à constater, c'est
qu'il n'existe pas de calcaire saccharoïde au contact
du granite et du terrain schisteux; cependant si
ce calcaire appartenait au terrain primitif, il de-
vrait se trouver également dans cette position.
Cette omission de la nature est une nouvelle
preuve que le calcaire saccharoïde n'est qu'accidentel, et qu'il a été formé dans les points seulement

où le granite a percé un terrain de calcaire.

Sur le calcaire saccharoïde repose un calcaire gris, compacte, esquilleux, quelquefois très fortement coloré par du bitume. Ce calcaire est associé avec du schiste argileux et des argiles schisteuses, plus ou moins foncées. Ces roches schisteuses forment tantôt des couches épaisses qui alternent avec le calcaire, tantôt elles ne constituent que des couches très minces dans lesquelles les feuillets du schiste sont fortement plissés. Par son mélange avec le calcaire, le schiste donne naissance à des roches mélangées, plus ou moins schisteuses, souvent très carburées et constamment effervescentes; les schistes eux-mêmes sont toujours calcarifères. Ce caractère apporte une différence essentielle entre les schistes de transition et les schistes appartenant au calcaire du Jura : il montre que les roches schisteuses de cette vallée n'ont pas toutes été déposées dans les mêmes circonstances : la ressemblance de ces schistes et de ces calcaires avec les roches de même nature, qui forment une grande partie des Alpes, est extrêmement frappante. On y retrouve jusqu'aux moindres circonstances de texture ; c'est ainsi que les parties schisteuses sont sillonnées par de petits filons de calcaire fibreux qui ne traversent pas la masse calcaire et semblent pour ainsi dire n'effleurer que leur

[marge droite :] Différence entre les schistes de transition et ceux du calcaire jurassique.

[marge droite :] Analogie avec le calcaire des Alpes.

surface, disposition habituelle du calcaire de la
Magdelaine en Savoie; ces calcaires gris, et ces
schistes argilo-calcaires, ont une puissance assez
considérable.

Outre les roches précédentes, M. Marrot indique, dans le mémoire que j'ai déjà cité, qu'il
existe près de Vicdessos, « des couches de pou-
» dingue composées de fragmens de calcaire
» compacte, et d'une pâte de calcaire également
» compacte. On ne distingue le plus souvent les
» galets de la pâte que par la couleur différente
» que leur donne à la surface l'action des agens
» atmosphériques; ils contiennent quelques frag-
» mens rares de roches feldspathiques. Il existe
» aussi des grauwakes schisteuses, presque tou-
» jours effervescentes, et mélangées d'une plus
» ou moins grande quantité de pyrites. »

Cet ensemble de couches forme une bande continue que l'on reconnaît depuis le col d'Agnet,
situé entre Aulus et le lac de Lerz, jusqu'aux
mines de Vicdessos. « Cette bande est recouverte
» immédiatement par des calcaires d'un gris
» clair, souvent grenus, mélangés de schiste car-
» buré presque toujours étincelant sous le choc
» du briquet; ils renferment des rognons de
» quartz, des veines et de petits amas de calcaire
» lamelleux, quelques couches de schiste car-
» buré et de calcaire saccharoïde; la texture de

» cette dernière roche est variable, même dans
» l'étendue d'une couche ; elle est quelquefois
» presque compacte et faiblement translucide;
» d'autres fois décidément saccharoïde, le fer sul-
» furé cubique y est très fréquent (mont Rancié,
» aux environs des amas métallifères). »

C'est au milieu de ces couches calcaires qu'est
situé l'amas métallifère de Rancié, ainsi que
les différens autres dépôts de même nature que
l'on a exploités dans la vallée de Sem.

Cette description succincte montre qu'il existe
à Vicdessos du calcaire saccharoïde au-dessus des
couches schisteuses noires (1). Il ne forme pas
dans cette localité, il est vrai, une bande aussi
continue que le calcaire saccharoïde qui lui est inférieur, et qui repose sur le granite, mais sa présence est bien constatée. Les caractères extérieurs
de ces deux bandes de calcaire saccharoïde étant
les mêmes, on ne voit aucune raison pour supposer
qu'elles appartiennent à deux formations distinctes; de plus, comme il existe du calcaire

Le calcaire saccharoïde forme deux bandes.

---

(1) J'ai emprunté textuellement la phrase qui montre
la position des différens calcaires près de Vicdessos, à
M. Marrot, pour faire voir que, quoiqu'il admette avec
M. de Charpentier que le calcaire blanc est primitif, il re-
-connaît du calcaire saccharoïde au-dessus du calcaire gris
et des schistes qui l'accompagnent.

saccharoïde au-dessus et au-dessous du calcaire noir
et des schistes argileux, il me paraît impossible de
séparer ces différentes roches. Pour déterminer
maintenant à quelle formation elles appartiennent,
nous allons donner quelques détails sur trois loca-
lités dans lesquelles nous avons trouvé des fossiles.

Fossiles dans
le calc. au-
dessus d'Aulus.

La première, en allant d'Aulus à Vicdessos par
le port de Lerz, est à environ 350 mètres au-dessus
du premier col que l'on rencontre et qui sépare la
vallée d'Aulus du petit vallon qui descend au village d'Erce. On voit sur le calcaire blanc des
masses d'un calcaire noir, fendillé dans tous les
sens, et très irrégulièrement stratifié, lequel contient un assez grand nombre d'empreintes et de
moules de peignes. Malgré l'imperfection de ces
corps organisés, on reconnaît cependant que leur
forme générale est celle du *pecten equivalvis*,
fossile caractéristique des couches supérieures du
lias et des couches inférieures des formations oöli-
tiques. Ce calcaire est siliceux ; il laisse un ré-
sidu abondant lorsqu'on le dissout dans les aci-
des. Il pourrait, par sa composition, correspon-
dre à celui qui recouvre les couches schisteuses de
Vicdessos, dans lequel le quartz est très abondant. La position de ce calcaire avec fossiles est
incertaine dans cette première localité ; il forme
une masse saillante, fortement contournée, qui paraît isolée, de sorte qu'on ne sait pas si elle ressort

d'entre les couches du calcaire grenu qui l'entoure, ou si, au contraire, elle n'est pas simplement appliquée dessus. Dans cette dernière supposition, elle pourrait être très postérieure au calcaire grenu.

Le col d'Agnet, que nous avons déjà cité, nous fournit un second exemple de fossiles jurassiques dans le calcaire qui nous occupe; dans cette seconde localité, le calcaire avec fossiles est complétement enclavé dans les calcaires cristallins, et il ne peut y avoir de doute sur sa position (*fig. 4, Pl. XIV*). Les couches dont je parle sont composées d'un calcaire gris foncé, un peu grenu, ayant tous les caractères du calcaire jurassique qui se trouve sur les pentes des Cévennes et dans plusieurs points des Pyrénées; l'épaisseur de ces couches est environ de 60 à 80 pieds; on les voit sur une assez grande longueur, mais elles sont surtout mises à nu dans la dépression qui forme le col. L'axe du ravin, qui est aussi la ligne que suivent les eaux en descendant dans la vallée d'Erce, est sur le calcaire noir; les deux parois sont au contraire de calcaire saccharin gris, très clair, le même sur lequel nous avons constamment marché depuis Aulus, et qui devient entièrement saccharoïde lorsqu'on s'approche de la bande granitique qui forme le bas de la vallée d'Aulus,

Fossiles jurassiques dans le calc. du lac de Lerz.

ou des îlots granitiques qui s'avancent au milieu
du terrain calcaire.

Le calcaire contient des fossiles nombreux, mais
dans un état imparfait de conservation ; on y distingue des empreintes et des moules de pecten, qui paraissent appartenir au *pecten equivalvis* ; des *téré-*
bratules ayant leur têt. Ces derniers fossiles sont
très comprimés, ce qui rend presque impossible de
reconnaître l'espèce à laquelle ils appartiennent ;
on remarque seulement que leur têt est mince
et que ces térébratules sont plissées. On trouve
encore dans ce calcaire des *polypiers* nombreux,
ainsi qu'une grande quantité de *bélemnites*. Beaucoup d'échantillons sont pourvus de leurs alvéoles ;
il ne peut donc y avoir aucune espèce de doute sur
l'existence de ces corps marins. Quoique l'état de
conservation des fossiles que nous venons d'indiquer n'ait pas permis d'en déterminer les espèces,
cependant il est facile de reconnaître qu'ils appartiennent à la partie inférieure des formations
jurassiques.

Placé au col d'Agnet, on reconnaît avec la plus
grande évidence que le calcaire gris et le calcaire
saccharoïde constituent une bande distincte des
roches qui les entourent par leurs caractères extérieurs aussi bien que par leur stratification. Cette
bande de calcaire jurassique remplit un bassin lon-
gitudinal qui présente la direction des Pyrénées,

et dont toutes les couches ont été non-seulement accidentées depuis leur dépôt, mais même en partie modifiées.

Le calcaire cesse presque immédiatement après le lac ; le port de Lerz est déjà sur le granite, et on marche constamment sur cette roche, ou sur des roches feldspathiques jusqu'à une petite distance du village de Suc, qui est sur le calcaire. Le contact du calcaire et du granite est de nouveau marqué par la présence du calcaire saccharoïde qui descend jusqu'à l'ouverture de la vallée ; on trouve alors du calcaire schisteux noir, représentant les couches à fossiles du lac de Lerz. Ce dernier calcaire recouvre le calcaire saccharoïde ; il commence à la forge située à l'entrée de la vallée, et il se prolonge jusqu'au delà de Vicdessos. La montée qui conduit de ce bourg aux mines est constamment sur ce calcaire noir, qui est tantôt schisteux, tantôt compacte. Malgré des recherches scrupuleuses, je n'ai pu découvrir de fossiles dans ce calcaire en tout semblable à celui du col d'Aguet ; mais, parmi les blocs qui forment les accottemens de la route et qui ont été enlevés des rochers pour élargir cette montée, j'ai trouvé deux morceaux anguleux, exactement semblables aux rochers environnans, dans lesquels il existe des *polypiers*, des *encrines* et des fragmens de *térébratules* : la présence de ces fossiles montre avec certitude

Fossiles jurassiques dans les blocs calc. de la montée de la mine.

que ces fragmens appartiennent au calcaire jurassique, de même que le calcaire noir du lac de Lerz. On objectera peut-être que ces fragmens sont des morceaux roulés; mais leur forme anguleuse et leur complète identité avec le calcaire des escarpemens de la route qui conduit aux mines repoussent cette supposition. Lors même qu'on admettrait que ces blocs sont roulés, on ne pourrait croire qu'ils proviennent des environs du lac de Lerz, séparé de Vicdessos par deux vallées et deux cols; ils appartiennent, par conséquent, au calcaire noir de la vallée de l'Ariége, et c'est une troisième localité dans laquelle le calcaire contient des fossiles jurassiques. Si maintenant on examine sur une carte détaillée la position des trois points que nous venons de citer, on reconnaît qu'ils sont à peu près en ligne droite, et qu'ils suivent la direction de la bande que nous avons signalée; par suite, cette bande appartient à la formation de calcaire jurassique.

Disposition du gîte métallifère.

Le gîte métallifère de Rancié est situé, ainsi que je l'ai annoncé ci-dessus, au milieu des calcaires cristallins, supérieurs au calcaire schisteux et au calcaire noir; position qui ne peut laisser aucun doute sur la nature du terrain dans lequel il est enclavé.

Ce gîte présente une série de renflemens ou d'amas disposés les uns au-dessus des autres; l'ouverture des différentes exploitations ou mines tracées sur la coupe et le plan (*fig.* 1 *et* 2, *Pl. XIV*), donne l'idée de leur disposition; ces amas sont liés entre eux par des filets de minerai qui ont constamment servi de guides aux mineurs dans leurs travaux de recherches.

L'observation des vides laissés par l'exploitation du minerai rend cette disposition évidente; on voit, en effet, que lorsqu'un amas métallifère semble se terminer, et que le mur et le toit paraissent joints, une veine placée entre ces deux roches conduit à une nouvelle masse métallifère; mais, lorsque la veine se divise en un grand nombre de rameaux, elle ne tarde pas, en général, à disparaître entièrement, et l'on ne trouve plus que la masse calcaire, qui, de ferrugineuse, devient de plus en plus pure, à mesure que l'on s'éloigne de la masse de minerai de fer.

Les mines de la Craugne (3) et de Lauriette (4), situées environ au milieu de la hauteur du gîte, et qui sont actuellement les seules exploitations productives de Rancié, nous présentent l'une et l'autre des exemples remarquables de ces amas. Le minerai exploité dans la première formait

Le minerai forme des amas.

jadis un immense noyau de minerai ; maintenant
il présente un vide énorme dont on ne peut avoir
une idée exacte à cause des éboulemens considérables qui le remplissent en partie et en forment le
sol. Mais ce vide est terminé à son extrémité par
un mur vertical de calcaire, de 100 mètres de
hauteur, auquel le minerai vient se terminer
brusquement. Une masse énorme de calcaire dé-
tachée de la voûte de cette exploitation, et re-
couvrant une grande partie de la surface des éboulemens, montre également que cette masse métallifère était terminée d'une manière nette à sa
partie supérieure.

L'entrée de la mine de Lauriette présente une
longue excavation dont toutes les parois calcaires
formaient les limites de cet amas de minerai jadis
si puissant ; les deux amas de la Craugne et de
Lauriette communiquent ensemble, on pourrait
les comparer à deux grains contigus d'un chapelet.

Ces amas sont disposés parallèlement aux couches de sorte qu'ils paraissent à la première inspection former une couche ; mais on vient de
voir que leur disposition générale s'oppose à
cette hypothèse ; en outre, la masse métallifère, dont la puissance moyenne est d'environ
10 mètres, interrompt plusieurs couches du terrain : en effet, tantôt elle atteint une puissance
de plus de 20 mètres, tantôt elle est réduite

au plus à 5 mètres. Les couches n'étant point contournées par suite de cette différence dans la puissance du gîte métallifère, il est évident que le minerai en remplace, sur une certaine longueur, un nombre plus ou moins considérable. Ce remplacement n'est pas, du reste, total, ainsi que les exploitations des mines de la Craugne et de Lauriette nous permettent de le voir; l'irrégularité de leurs travaux est favorable à l'étude géologique du gîte. En effet, les mineurs ont enlevé tout le minerai sans prendre garde à l'immensité des excavations auxquelles ce mode de grapillage donne naissance. Mais aussi, ils se sont bornés à enlever le minerai assez riche pour la fonte. Il en résulte que toutes les parties calcaires enclavées dans le minerai de fer, ainsi que le calcaire imprégné de fer, sont restés intactes, et que l'excavation présente pour ainsi dire le squelette de la masse métallifère. On reconnaît alors que la masse de minerai de fer, régulière dans son ensemble, est très irrégulière dans ses détails. Le minerai pénètre le calcaire dans toutes les directions; il y forme des ramifications nombreuses qui sont séparées par des masses plus ou moins considérables de calcaire cristallin d'un blanc un peu sale, en général alongées dans le sens des couches; chaque amas est donc formé par la réunion d'une multitude

Calcaire enclavé au milieu du minerai de fer.

de veines qui courent à peu près parallèlement,
se rejoignent et se séparent sans cesse.

Les veines calcaires ont quelquefois « une éten-
» due et une régularité remarquables. On en a
» observé deux à la mine de la Craugne, qui par-
» tagent la masse en trois massifs distincts sur
» une étendue de plus de 80 mètres. Aux appro-
» ches de ces veines calcaires, la structure de la
» masse est la même que dans le voisinage du
» mur et du toit; de sorte qu'il est impossible de
» ne pas les confondre avec les parois, et cette
» erreur a fréquemment eu lieu dans le cours de
» l'exploitation. » Mais enfin on a fini par rencontrer les terminaisons de ces veines calcaires,

Expansion du par conséquent on ne peut pas supposer qu'elles
minerai de fer
dans le calcaire. appartiennent à des couches qui auraient été déposées alternativement avec le minerai de fer; ce
sont des fragmens des couches du terrain qui son.
empâtés dans le minerai, fragmens qui sont res
tés comme des témoins de la manière dont le
gîte métallifère a été formé.

La séparation du calcaire et du minerai de fer
est quelquefois assez nette, et même lisse, comme
cela aurait lieu si la roche avait été usée par un
frottement réitéré. Cette disposition existe principalement au mur de la masse; alors une salbande argileuse la sépare du calcaire; mais e
plus généralement il existe un passage insensible

entre le calcaire et le minerai de fer, et la transition a lieu au moyen de calcaire plus ou moins
chargé de fer spathique, disposition qui montre
l'expansion graduelle de l'oxide de fer dans la
roche calcaire. Outre cette espèce de cémentation,
de nombreux petits filons de fer spathique traversent les masses de calcaire empâtées au milieu
du minerai; on voit, à leur contact avec la roche, la même dégradation de richesse que dans
la masse principale.

La régularité du gîte métallifère, souvent in-
terrompue par des masses plus ou moins considérables de calcaire disposées au milieu du minerai, l'est également par l'expansion de ce
dernier au milieu des couches calcaires bien au
delà de ses limites générales; ainsi on a reconnu,
dans les mines de Rancié, deux branches qui
partent du mur et coupent les couches du terrain
sous un angle de trente degrés; la branche exploitée dans la mine de Bellagre a, dans quelques
points, jusqu'à dix mètres de puissance. Il arrive en
outre quelquefois que des amas considérables
de minerai se détachent du gîte principal, et
s'enfoncent dans la roche des parois : « On peut
» en observer plusieurs au fond de la mine de
» *Bellagre*, qui sont presque entièrement séparés
» de la masse principale; mais le plus remar-
» quable de tous se trouve près de l'entrée de

» l'ancienne mine du *Poutz* ; il descend verti-
» calement sur une profondeur de plus de cin-
» quante mètres ; en sorte que le vide laissé par
» son exploitation forme un véritable puits.

» Enfin, sur une bien moindre échelle, on
» observe très fréquemment de petits rognons de
» minerai, soit de fer spathique, soit de fer hy-
» draté, disséminés dans la roche des parois et sou-
» vent séparés des masses, auxquelles ils tien-
» nent quelquefois par des veinules. »

Les détails que nous venons de donner, sur la
disposition générale des exploitations de Rancié,
montrent que ce gîte métallifère ne forme pas,
ainsi qu'on l'a cru pendant long-temps, une couche
contemporaine au terrain dans lequel il est enclavé.

L'étendue de la masse métallifère conduit à
cette même conclusion ; en effet, elle est limitée
dans le sens de sa longueur, c'est-à-dire de la direction des couches. M. Marrot estime qu'on peut l'é-
valuer à mille mètres, mesurés horizontalement.
Cette longueur, quoique considérable pour un gîte
métallifère, ne peut s'accorder avec la supposition qu'il forme une couche. Quant à sa hauteur,
elle est connue depuis le sommet de la montagne jusqu'à sa base ; mais tout semble prouver
qu'elle ne se prolonge pas au delà.

Étendue et
puissance
du gîte.

L'ensemble des amas de minerai de fer paraît
suivre une ligne à peu près parallèle à la pente

de la montagne et n'occupe qu'une bande qui
aurait au plus 200 à 240 mètres de puissance.
On est conduit à cette opinion en étudiant, ainsi
que nous allons l'indiquer, les points où les exploitations sont venues rencontrer la roche; le
fondis que l'on observe au sommet de la montagne, et qui est le résultat de l'éboulement d'anciennes exploitations, paraît être l'extrémité supérieure de ce gîte de minerai; d'après son étendue et sa disposition, tout porte à croire que
cette extrémité du gîte ne dépasse pas la verticale
qui passerait par le sommet de la montagne de
Rancié; bientôt les amas rentrent fortement vers
l'ouest. Ainsi dans la mine de la Roque, la plus
élevée dans la montagne, les travaux sont loin
d'atteindre cette verticale, et dans la mine de la
Craugne on voit, ainsi que nous avons déjà eu
l'occasion de le faire remarquer, le minerai s'arrê-
ter brusquement à un mur vertical de plus de cent
mètres de hauteur. L'aplomb de ce mur, écarté
de la verticale des travaux supérieurs d'au moins
150 mètres, montre déjà la disposition en retrait
des amas successifs qui composent le gîte.

Les travaux de la mine de Lauriette (*fig.* 1,
Pl. XIV), n'atteignent pas encore les limites du minerai; ils ne peuvent par conséquent nous donner
d'indication sur l'étendue du gîte dans le sens
horizontal; mais on peut, jusqu'à un certain point,

présumer ses limites par les galeries de communication qui ont été faites pour mettre en connexion la mine de Lauriette et celle de la Craugne. Ces travaux, en effet, n'ont rencontré que du minerai disséminé dans la roche, et même bien avant le prolongement du mur de la mine de la Craugne ils n'ont traversé que de la roche.

On ne connaît pas la disposition relative de l'amas exploité dans l'ancienne mine de l'Escudelle et dans celle de Lauriette; mais un puits percé dans la mine de l'Escudelle, pour reconnaître si le minerai se prolongeait dans la profondeur, a rencontré la roche à quelques mètres au-dessus du niveau de l'Escudelle; la position de ce puits tracée en 9 sur la coupe *fig.* 1, *Pl. XIV*, montre que dans ce point le minerai est à plus de 400 mètres en arrière du mur vertical auquel vient se terminer la mine de la Craugne, et qu'ainsi le minerai suit en descendant la marche rétrograde que nous avons annoncée. Enfin, la galerie Becquey, point le plus inférieur des travaux ouverts dans la montagne de Rancié, a également montré cette disposition générale; on est donc conduit à supposer que les différens renflemens ou amas dont se compose le gîte de Rancié ne se prolongent pas au-delà d'une ligne ondulée *m*, *m*, qui passerait par l'extrémité de l'exploitation de la mine de la Craugne.

La partie la plus puissante du gîte est à la hau-

teur des mines de la Craugne et de Lauriette,
situées à peu près à égale distance des deux extré-
mités; ainsi il est probable que ce vaste dépôt métallifère ne se prolonge pas beaucoup au dessous
de la galerie Becquey. Le minerai de fer exploité
dans les mines de Rancié consiste principalement
en fer oxidé hydraté, souvent à l'état d'hématite. On y trouve des rognons de fer spathique
disséminés avec quelque abondance à l'approche
du calcaire. Il existe en outre du fer oxidé rouge
en paillettes micacées; mais ce dernier minerai
est tout-à-fait accidentel. Enfin on a recueilli dans
cette mine quelques échantillons de manganèse
oxidé cristallisé, de cuivre pyriteux, de cuivre
carbonaté vert et de cuivre carbonaté bleu.

Nature du
minerai.

D'après la position que j'ai indiquée pour le calcaire et le granite près de Viedessos, on doit présumer que cette dernière roche se trouve à une
petite distance de la masse métallifère: nulle part
on n'observe son contact avec le granite, mais il
est très rapproché de la mine, et il se montre au
jour de tous côtés dans le ravin qui descend de Sem
à la grande route. On le voit également près du
col qui conduit de Sem à Lercoul. On peut donc,
sans faire une hypothèse inadmissible, supposer
que le granite et le minerai sont en connexion,
et que la production de ce dernier a eu lieu
au moment où le granite s'est introduit dans le

terrain, c'est-à-dire postérieurement au dépôt des formations crétacées.

Résumé. Si maintenant on rapproche les faits que j'ai exposés dans ce mémoire, on remarquera que les minerais de fer se trouvent au Canigou, enclavés dans le terrain de transition. A Rancié ils forment des amas dans le lias ; enfin, aux environs de Saint-Martin-de-la-Gly, ils sont associés au terrain crétacé : la présence de ces minerais dans des terrains d'un ordre si différent conduit naturellement à ne les considérer comme essentiels à aucun d'eux. Malgré cette grande différence dans l'âge des terrains qui contiennent les minerais de fer, l'identité minéralogique et de gisement de ces minerais est complète ; aussi, jusqu'à présent, cette identité a-t-elle été admise ; il est vrai qu'on supposait que tous les calcaires saccharoïdes avec lesquels les minerais de fer sont en connexion, appartenaient au terrain de transition, tandis que j'ai montré qu'ils étaient de formations très variées. Mais s'il existe une si grande différence dans la nature des terrains qui contiennent les minerais de fer, leur gisement offre un rapprochement très remarquable ; c'est de se trouver constamment au contact du granite et du calcaire, ou du moins très près de cette ligne. Je rappellerai en outre que les mines du Canigou forment par leur ensemble une espèce de zone à la séparation du terrain de transition et du granite; que près de Saint-Martin le contact du granite et de la craie inférieure est marqué par la présence du minerai de fer. Dans les mines de Rancié, il est vrai, on n'aperçoit nulle part ce contact, mais j'ai déjà annoncé que le granite apparaissait à très peu de distance de la mine, et que peut-être y avait-il connexion entre ces deux roches en quelques points. Du reste, ce contact n'est pas rigoureusement nécessaire pour concevoir que la présence des minerais soit intimement liée avec le soulèvement des granites. En effet, si la ligne de séparation des terrains est favorable à la sublimation des substances métalliques, on peut concevoir que, dans certaines circonstances, l'apparition du granite ait produit une espèce de cémentation qui a permis aux substances de même nature de se mouvoir et de se rapprocher peut-être par des phénomènes électro-chimiques. La disposition des amas de Rancié et de quelques-uns des gîtes du Canigou, comme celui de Fillols, entourés de tous côtés par la roche qui les renferme, s'accorderait bien avec une semblable origine.

L'époque de la formation de ces amas de minerai de fer est plus moderne que les terrains de craie, et me paraît plus ancienne que le dépôt des terrains tertiaires. L'apparition des ophites, qui a eu lieu long-temps après la formation de ces derniers terrains, est bien accompagnée de

quelques veinules de fer oligiste : ces porphyres,
auxquels nous attribuons le relief actuel du groupe
du Canigou, se trouvent aussi très rapprochés de
la mine de Rancié, et l'on pourrait peut-être supposer que tous les minerais, dont il est question
dans ce mémoire, ont été produits en même temps
que les ophites. Mais une considération importante m'empêche d'adopter cette opinion, c'est
qu'il n'existe pas de minerais de fer semblables à
ceux de Rancié dans les terrains tertiaires de la
chaîne des Pyrénées, quoique ces terrains soient
en beaucoup de points altérés et surtout dérangés
par la présence des ophites ; ces minerais ont sans
doute été introduits à l'époque où le granite des
Pyrénées s'est fait jour, immédiatement après le
dépôt des terrains crétacés : probablement ils sont
la conséquence du soulèvement de cette chaîne.

Les minéraux métalliques de la partie orientale
des Pyrénées me paraissent pour la plupart de-
voir leur origine à la même cause ; c'est ce que
prouve l'analogie du gisement des minéraux
cuivreux de la mine de fer de Rancié et de
la mine de cuivre de Canaveilles, près de Pra-
des. Le minerai de Canaveilles existe à la séparation du granite et du calcaire ; il est en outre
mélangé d'hématite et de fer carbonaté. Enfin,
dans la vallée de Vicdessos, on voit constamment
le mélange de ces différens minerais à l'approche

du granite. M. Marrot dit à ce sujet : « Qu'aux
» environs de Vicdessos, lorsque les couches schis-
» teuses sont interrompues par du granite, elles
» renferment des filons contenant de la galène
» argentifère, de la pyrite magnétique, du cuivre
» pyriteux, etc., et des amas de minerai de fer
» analogues à ceux de la vallée de Sem. »

En résumé, les faits que j'ai exposés dans ce
mémoire me conduisent à conclure que,

1°. Les minerais de fer de la partie orientale des
Pyrénées, consistant en hématite brune et en fer
spathique, sont indépendans des terrains qui les
renferment; ils existent à la jonction de ces terrains et des roches granitoïdes, ou très près de
cette ligne de contact ;

2°. La formation de ces minerais, postérieure au
terrain de craie et antérieure au terrain tertiaire,
paraît avoir eu lieu à l'époque où la chaîne des
Pyrénées s'est élevée, et elle serait la conséquence du soulèvement de cette chaîne ;

3°. Le groupe du Canigou, dont la direction
générale est E. 20° N., O. 20° S., est postérieur à
la chaîne des Pyrénées; son relief actuel est le
résultat de l'apparition des ophites qui a eu lieu
long-temps après le dépôt des terrains tertiaires;

4°. Le terrain de Vicdessos, composé de calcaire saccharoïde blanc, de calcaire compacte noir,
de calcaire schisteux, et de schiste argileux calca-

4

lifère, appartient à la partie inférieure des formations jurassiques ;

5°. Le gîte métallifère de Rancié est enclavé
dans ce terrain ; il y constitue des amas reliés entre eux par des veines, dont l'ensemble forme-
rait un stockwerk disposé dans le sens des
couches ;

6°. Le calcaire saccharoïde de la vallée de Suc doit
sa texture cristalline à sa position au contact du
granite ; lors de son dépôt, ce calcaire était de
même nature que les couches dans lesquelles on
trouve des fossiles.

Pl. XIV.

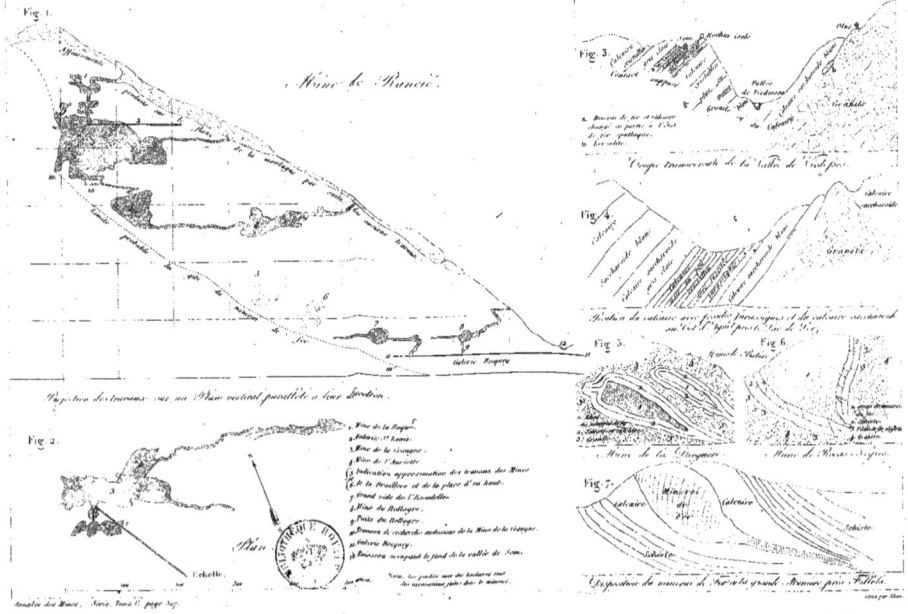

Fig. 1.

Mine de Rancié.

Projection des travaux sur un Plan vertical parallèle à leur direction.

Fig. 2.

Plan.

Echelle.

Fig. 3.

Coupe transversale de la Vallée de Vicdessos.

Fig. 4.

Granite.

Section du calcaire avec fossiles jurassiques, et du calcaire saccharoïde, au Col de l'Espérème, près de Sieix.

Fig. 5.   Fig. 6.

Mine de la Dévèvere.   Mine de Pierre-Nègre.

Fig. 7.

Disposition du minerai de Fer à la grande Mine près Vialols.

www.ingramcontent.com/pod-product-compliance
Lightning Source LLC
Chambersburg PA
CBHW050528210326
41520CB00012B/2479